誰改變了世界？2

4個科學先驅的故事

目

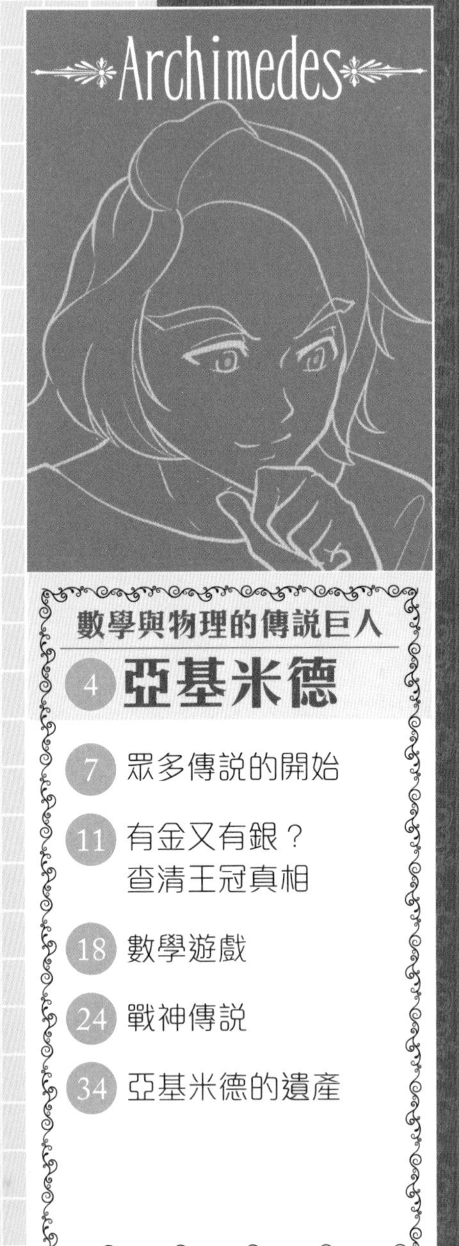

錄

數學與物理的傳説巨人

亞基米德

「找到了！找到了！」

一把響亮的呼喊聲從澡堂裏傳出來，引得途人詫異地往內看。突然，一個**赤身露體**的男人從門後奔出，逕自往街上跑去。

那人一面跑，一面興奮地大喊「找到了」，對四周**視若無睹**。在陽光照耀下，他那渾身濕透的身體閃閃發光，身

上的水珠都灑到地上。他跑着跑着，繞過街角後就不見了。

這時，周遭的人們心中不禁有個**疑問**：「他找到了甚麼？」

事實上，這個發瘋似地邊跑邊叫的怪人，就是古希臘**大名鼎鼎**的科學家——**亞基米德***(Archimedes)。

人們對這位學者的生平所知不算多，僅從其傳世的著作及史書中的片言隻語尋得**蛛絲馬跡**，另有各種口耳相傳的**傳說軼事**，包括那個**令人噴飯**的裸奔事件。不過，他帶給大家的不只有笑話，還有各種影響深遠的科學研究。

*或譯作「阿基米德」。

眾多傳說的開始

據中世紀史學家泰策斯*的文獻記載，亞基米德壽高75歲，學者遂以其死亡年份往前推算，估計他約於公元前287年出生。至於地點則在敘拉古，那是一座位於意大利西西里島的沿海古城，曾成為與雅典齊名的文化中心。其父親菲迪亞斯 (Phidias) 是一名天文學家，此外就一無所知了。

亞基米德年輕時可能已是知名學者，曾到過埃及的亞歷山大港 (Alexandria) 遊學。當時

*約翰．泰策斯 (John Tzetzes) (1110-1180年)，東羅馬帝國的學者，居於君士坦丁堡 (即今日的伊斯坦堡)，專研古希臘時代的文學及學術研究。

那裏是西方世界的學術中心，建有著名的**古亞歷山大圖書館**。該館約於公元前3世紀創建，擁有極豐富的典藏——達70萬卷以**紙莎草紙***寫成的各類**手抄本**。

*紙莎草紙由古埃及人發明，其材料來自一種叫紙莎草的植物，是當時重要的書寫工具，適合在非洲等乾燥地區使用，但其缺點是容易腐朽。

據傳他在圖書館任職了一段時間，並利用當中的館藏做研究，其間認識著名學者科農*和埃拉托斯特尼*。

另外，他既曾在埃及生活，或許到過尼羅河附近，觀看當地農民耕作，更見識到一種機械裝置——螺旋水泵。水泵呈圓筒狀，人們能透過筒內的螺旋管道將水從低處引向高處，藉此從河中汲水灌溉農作物。

亞基米德對此感到很驚奇，心想若故鄉的同胞也能使用水泵，生活一定方便得多。於是，他向當地人討教製作方法，並加以改良，帶回希臘。而這件機械因他發揚光大，就被世人

*科農 (Conon of Samos) (公元前280年至220年)，古希臘天文學家及數學家。

*埃拉托斯特尼 (Eratosthenes of Cyrene) (公元前276年至194年)，古希臘數學家、天文學家及地理學家，曾計算出地球的周長和半徑，還提出一個尋找質數的方法 (埃拉托斯特尼篩法)。公元前236年，被任命為古亞歷山大圖書館的館長。

稱為「**亞基米德水泵**」。

↑雖然後世有很多人認為這水泵由亞基米德發明，但有證據顯示早於公元三世紀前，埃及人就已懂得使用螺旋機械抽水，故它又稱為「埃及式水泵」。

有金又有銀？查清王冠真相

除了到過埃及，亞基米德幾乎都在敘拉古生活。該地國王希倫二世與他是好朋友，對其才智**推崇備至**，時常請他解決各種疑難。其中檢查王冠有否摻銀更是有名的傳説，亦是前述亞基米德裸奔的起因。現在，就來看看他究竟找到了甚麼吧。

某天，希倫二世命金匠打造一頂**純金的王冠**。不久後金冠呈上，他見其手工精良，滿心歡喜，遂重賞金匠。然而，後來有密報傳來，説王冠內竟**摻雜**了銀。希倫二世對此大為**震怒**，但奈何單從外表根本無法分辨。於是，他召來亞基米德，要求對方在不損壞王冠的情況下，**查清真偽**。

亞基米德對王冠細心檢查，卻看不出任何**破綻**，而且王冠重量與原先議定的絲毫不差。只是，他未有十足**把握**說沒問題，但一時間又想不出辦法來，遂請國王讓自己回家思考一下。

他回到家後就一直**推敲**，卻始終**苦無頭緒**。為了放

鬆心情，就到澡堂**洗澡**。

正當亞基米德跨進浴缸坐下去時，裏面的水登時**滿溢而出**。他看着周遭濕漉漉的地面，突然**靈光一閃**，腦子飛快運轉。

「啊！」他登時興奮得站起來，大叫，「找到了！找到了！」

他立即跳出浴缸，奔出澡堂，連自己一絲不掛也渾然不覺，更完全沒理會人們詫異的目光，只想快點回去，冷靜考慮剛才剎那閃現的方法。若是可行，便毋須損壞王冠也能查得一清二楚了。

究竟方法是甚麼呢？

亞基米德認為從浴缸滿溢而出的水體積應與自己的體積相等。那麼，只要把王冠浸入一盆水中，便能從其溢出的水計算王冠的體積。再將一塊與王冠相同重量的金塊浸入水中，如果溢出的水體積與王冠的一樣，就證明王冠以純金打造。若兩者不同，便表示王冠裏摻雜了其他東西。

細想之後，他便來到國王面前，用另一方式示範。首先，他將王冠和同重量的金塊分別綁在木棒兩端，達至平衡，然後浸入水中。結果，他們發現木棒傾斜，由此證明王冠造假。

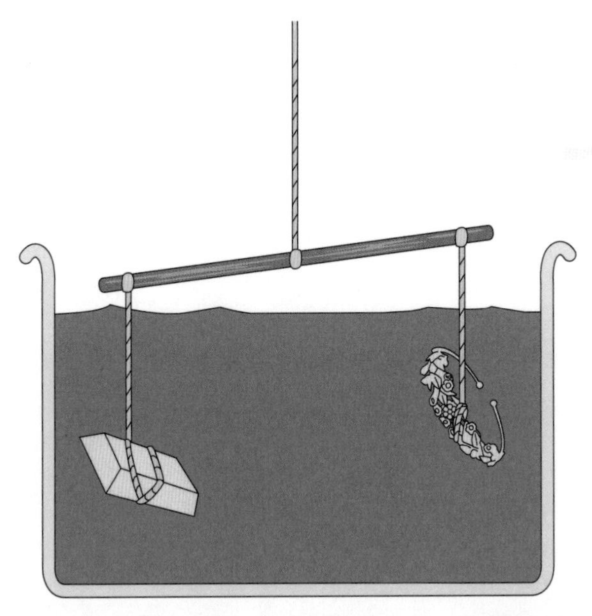

↑由於銀的密度比黃金小，重量較輕。若王冠摻了銀，那麼其體積必比同重量的純金王冠大，溢出的水會較多，也浮得更高。

其實，亞基米德在浴缸中還可能想到物體重量與**浮力**的關係。大家都該體驗過浸入水中時，感到自己好像變輕了，這其實是受浮力影響，而亞基米德進一步計算出自己在水裏輕了多少。他在著作**《論浮體》**內，便提出物件在液

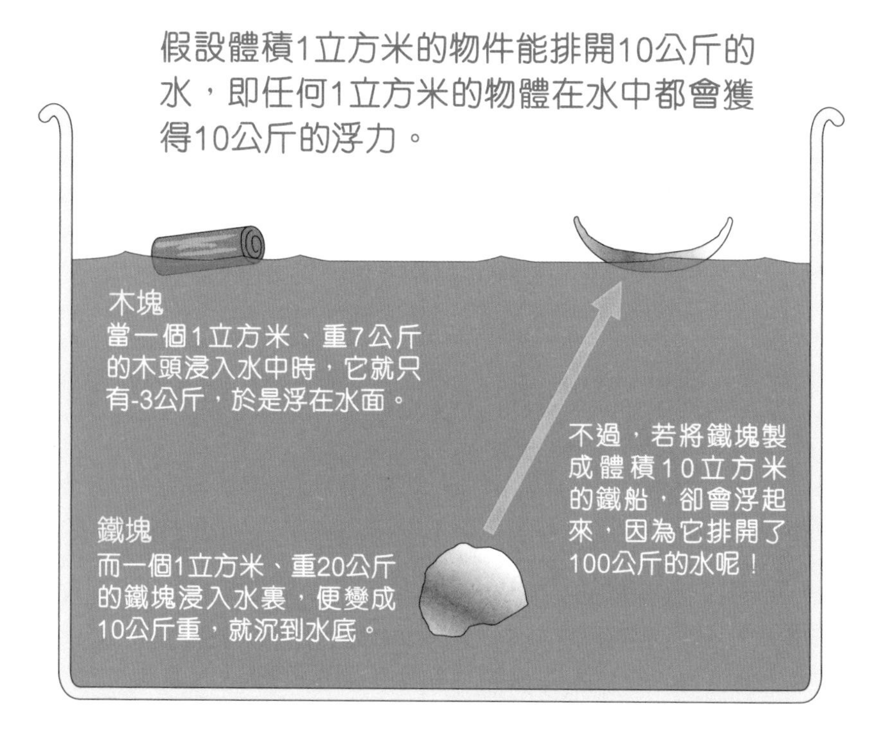

體中所受到的浮力，等於該物件**排開的液體重量**。

亞基米德的浮體原理已成為現代**流體力學**的基本概念，尤對製造大型船隻極有幫助。工程師在設計輪船時，都會先估計船隻的**體積**和**排水量**。只要計算得宜，就算是一艘重達5萬噸的鋼製郵輪，都能**自如**地浮在海上航行。

數學遊戲

除了流體力學，亞基米德也進行各類數學研究，例如他算出**圓周率**（π）更準確的數值。

所謂圓周率，就是圓形**周界**與其**直徑**的**比率**，在計算圓形面積、周長等都需要它。亞基米德先在一個圓形內外各畫出一個緊貼圓周的**六邊形**(如右圖)，並計算其邊長。接着，畫下十二邊形，再算出邊長，之後繼續**倍增邊數**。當多邊形的邊愈增加，其長度就愈來愈短，並趨向圓形。到**九十六邊**形時，其邊長已與圓形的弧線十分接近。

他根據所得數字，計算出圓周率介於$\frac{223}{71}$至$\frac{22}{7}$之間。現在從**小數**觀之，即大於3.1408，而小於3.1429。

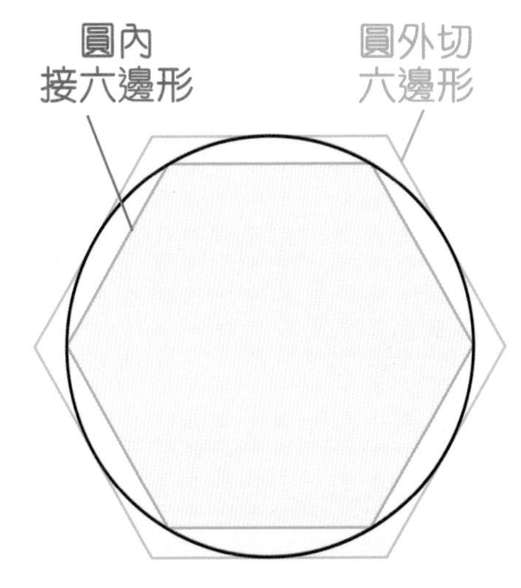

←亞基米德計算圓周率的方式稱為窮竭法，除了計算圓周率，也可用來計算圓形面積。

↑無獨有偶，後來中國三國時代的數學家劉徽也用類似方法求得圓周率的近似值，稱為「割圓術」。到南北朝時期，另一數學家祖沖之更分割到24576邊形，令圓周率精確至小數點後7個位，這個紀錄直至15世紀才被打破。

此外，亞基米德曾設計一種由14塊拼圖組成的遊戲，叫「Stomachion」，意即

「胃」。它還有其他名字，如「Ostomachion」，在希臘文具「骨頭」和「競技」之意；另有「亞基米德之盒」等稱呼。

至於其玩法則不甚明確，多數人認為那是將14塊**拼圖**設法砌成一個**正方形**。據現代學者推算，當中有17152種拼合方式。同時，他們估計這個難度高到令人感到**胃痛**的玩意，可能是亞基米德用來研究**組合數學**。而組合數學的其中一個用途就是「計算一個問題中，所有可能解決方法的數目」。

→在這個猶如七巧板一般的遊戲，有說也可用那些拼圖砌出各種圖案，但學者指那並非原本用途。

另一方面，據傳希倫二世曾建議亞基米德不應只專注純學術的**幾何研究**，還要將數學思維**付諸實行**，而結果就體現於其機械發明上。其中傳說亞基米德曾運用機械，**巧妙**地獨自一人拉動一艘巨船。

某天，他來到王宮探訪國王。其間二人愈談愈起勁，亞基米德大聲**誇言**，單靠自己就能拉動敘拉古最龐大的**戰艦**，更表示願意實地一試。

示範當日，希倫二世在大臣的簇擁下來到碼頭。**碩大無朋**的戰艦已停泊在此，還吃水甚深，因為船上坐滿了**乘客**，又有大量**貨物**堆放在船艙內。船上放了一個裝置，並從中垂下一條繩子。亞基米德就站在繩旁，**恭候大駕**。

當一切準備就緒，亞基米德便握住繩索，**不徐不疾**地往前走。接着，**神奇**的一刻發生了，船艦竟在輕輕晃動後就被他拉着**向前進**！

眾人皆被眼前的景象震驚得說不出話來，國王亦再次為好友的才智所**折服**了。

後世有學者估計該裝置由**槓桿**、**滑輪**、**齒輪**等簡單機械構成，使人能運用最少力量移動重物。

↑據傳亞基米德說過一句誇張的名言：「給我一個支點，我就能舉起地球。」當中所運用的就是槓桿原理。

亞基米德的知識技術還曾應用到**戰爭**上，一場敘拉古攻防戰就展露其才華，更令敵方**聞風喪膽**。

戰神傳說

自公元前264年，**古羅馬**與**古迦太基***為爭奪地中海霸權而爭鬥，史稱「**布匿戰爭**」(Punic Wars)。這場仗前後共打了三次，其中在第二次布匿戰爭，敘拉古因支持迦太基而受到羅馬攻擊。

公元前214年，羅馬軍將領**馬克盧斯***率領60艘戰艦沿海路前進，另一支部隊則從陸路進軍。當時，他計劃從海邊直接登上敘拉古的沿海城牆強攻。船中配備一種名為「**散布卡**」的大型攻城裝置，只要一旦靠近岸邊，它就能直接從

*古迦太基，於公元前7世紀至2世紀在北非興起的文明。
*馬克盧斯 (Marcus Claudius Marcellus) (公元前268年-前218年)，曾任羅馬執政官。

↑「散布卡」(sambuca) 本是古時一種樂器的名稱，因形狀如該樂器而得名，其三側都有以柳條編成的護甲，防止士兵登城時受襲。

船頭搭上對岸城牆，讓士兵沿路進攻。

羅馬大軍**來勢洶洶**，要對付這座小城，似乎**穩操勝券**。然而，他們忽略了一個最麻煩的對手——年逾七十的亞基米德。

當戰艦逐漸逼近敘拉古時，埋首划船的**水手**突然聽到頭上響起了「**呼**」的一聲，緊接着身旁發出「**砰**」的一下巨響，船身登時**劇烈震動**。他們定睛一看，竟發現甲板穿了一個大洞。

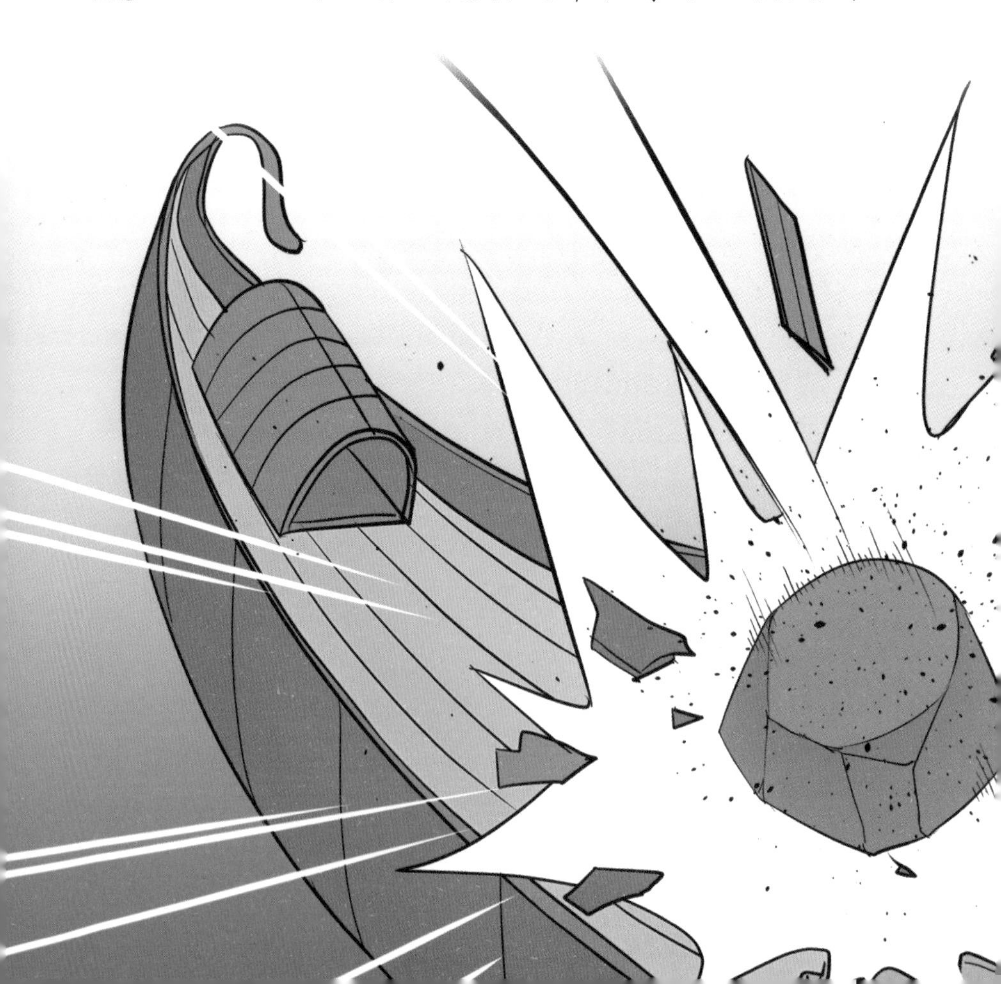

正當眾人**驚魂未定**之際，大量石塊如雨般砸到船上，那是從前方城牆上的**投石機**發射出來的。

雖然巨型投石機在古希臘羅馬時代已很常

見，但亞基米德的可怕之處在於其精密計算，經他改良的投石機射出的石塊幾乎百發百中！

面對恐怖的巨石雨，馬克盧斯判斷投石機無法作近距離攻擊，遂下令拼死前進。不過，他們萬料不到敘拉古的老人已有所準備，另一場夢魘開始了。

就在部分船隻成功靠近城牆時，牆上突然出現一排排小型投擲器，當中射出的飛鏢令水手和士兵慌忙躲避。

縱使有人成功將散布卡搭到城牆上，還要面對另一件可怕的機械裝置。它形如鐵爪，以鐵鏈和繩索連接城牆上的橫杆，並配以滑輪。只要對準角度，將鐵爪從城牆猛然丟下，便能插入船身，將之牢牢固定。當上方的人將橫桿向下壓，船就會被硬生生地扯起，若再鬆開繩索，船身便翻側入水下沉。

↑現代曾有人將這件神奇的武器重製出來，試驗其真實性，結果它真的成功令一艘仿古羅馬船翻側了。

此外，傳說亞基米德更為這場戰役設計了一件**匪夷所思**的武器——**死亡射線**。他製造多面大鏡子，放到城牆上，再調校角度，將陽光聚焦到羅馬戰艦上，將之燒毀。

↑現代有人嘗試將之重現，經實地試驗，指出確能燒毀遠處不動的物體，但要對付正在移動的船隻就非常困難了。

這時，許多戰艦已抵受不住而沉沒，大部分士兵不是被砸死，就是落入海中溺死。另一方面，陸軍也遭受投石機阻擋，無法靠近城門。羅馬軍傷亡慘重，士氣低落，馬克盧斯唯有下令暫時撤退。

這場戰事猶如羅馬軍與亞基米德一人的對壘，馬克盧斯甚至自嘲正與一個精通幾何的百手巨人戰鬥，難有勝算。不過，他並未放棄。既然無法強攻，那就圍困都市，彼此相峙了一年多時間。

其間，他多次派人偵察，又俘獲一個跑出城外的逃兵，從中得悉城牆上有個防禦較薄弱的塔樓，遂擬定計策，靜待機會。

公元212年，敘拉古城的人們雖忙於戰事，但仍一連數天祭祀月神阿緹蜜絲，舉行節慶。馬克盧斯有感大好良機到來，遂於其中一晚派遣少量精兵暗中搭上攻城梯，竄入塔樓觀察情況。

他們發現城內許多人都喝得酩酊大醉，防守薄弱，於是先暗殺城樓守衛，再帶領近千名士兵悄悄地沿梯登城。當一切準備就緒，羅馬軍猛然響起號角，發動突擊，攻佔各處，讓其餘部隊盡數入城。在市民猝不及防下，敘拉古很快就陷落了。那麼，當時亞基米德在做甚麼呢？

據聞城破之日，馬克盧斯命令士兵將亞基米德帶來，並吩咐不能傷害他。當士兵找到這名老人時，卻見對方正專心畫圓圈。

士兵並不知道也不想理會亞基米德做甚麼，只想儘快完成命令。他不耐煩地正欲踏前拉起對方，亞基米德竟毫不客氣地一手推開自己，惟恐圓圈被破壞，並大叫道：

士兵**老羞成怒**，已不顧馬克盧斯的吩咐，一劍殺死那頑固的老人。就這樣，守護敘拉古城、令羅馬軍吃盡苦頭的亞基米德因一道數學題而**一命嗚呼**了。

亞基米德的遺產

不過，故事仍未結束。據西塞羅*的文獻記載，傳說亞基米德曾製造兩個天象儀。在他身故後，馬克盧斯就將之帶回羅馬妥善保存。天象儀呈球狀，一旦被轉動，就能顯示太陽、月亮與其他行星運行的軌跡。這間接窺見亞基米德對天文學的研究，並藉着機械展示出來。

只是，後世有許多人懷疑，古希臘人真的有能力造出如此精密的機械？這疑問一直到一件文物的出現始能解開。1901年，潛水員在希臘安

*馬庫斯．圖利烏斯．西塞羅 (Marcus Tullius Cicero) (公元前106年-公元前43年)，古羅馬時期的政治家和作家，曾擔任執政官，寫有多部著作。

提基特拉島附近海面發現一艘沉船，並打撈出一個古怪的東西。它由多塊銅製齒輪組成，上面刻有古希臘數字及星體名稱，科學家推斷那是二千多年前古希臘羅馬時期的文物。後經數十載研究，學者相信那可能是一個計算曆法的星象儀。

由此證明在亞基米德生活的時代，人們已能造出複雜的機械。

→這是被稱為「安提基特拉機械」的部分重建模型。它被譽為世界最古老的計算機，其精密和複雜程度足與現今的鐘錶機械相媲美。據研究所知，它由數十個齒輪推動運作，能計算指定日子中的日月星辰等天體位置。2008年《自然》期刊發表了一篇論文，有學者推測其製作可能與亞基米德有關。

Photo credit : Antikythera model front panel Mogi Vicentini 2007 by I, Mogi / CC BY 2.5

另外，在亞基米德死後，按其意願在**墓碑**刻上一個相同直徑的**球體**和**圓柱體**，以表示其另一偉大的數學研究——**球體計算**。他在著作《論球和柱體》中，曾推算出球體體積是其緊貼着的圓柱體的 $\frac{2}{3}$。同時，他亦計得球體的表面面積，是其大圓的4倍。

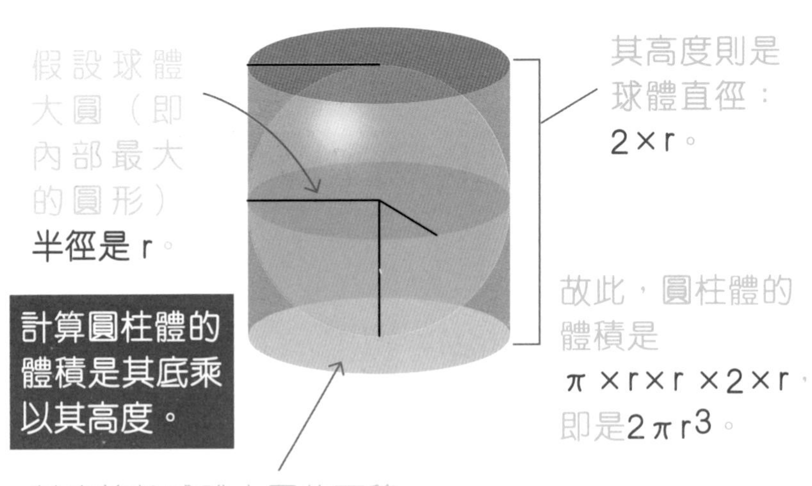

既然球體體積是其 $\frac{2}{3}$，即是 $\frac{2}{3}\times 2\pi r^3$，

這樣便成了現今計算球體的公式：$\frac{4}{3}\pi r^3$。

亞基米德為人們帶來的，除了迷人的傳說以及神乎其技的機械設計，還有各種重要的數學定理。此外，他更將物理與數學的關係聯結起來。相隔近二千年後，伽利略、牛頓等大科學家莫不服膺其研究方式，試圖將物理系統以簡潔的數學方法進行分析和表達，並建立輝煌的科學研究事業。

另一方面，亞基米德專心致志地研究學術，也將之應用於實際生活之中，而並非只是誇誇其談。大家在學習時，也應腳踏實地，注意別流於空談無垠啊。

告訴你，地球是會動的。

哥白尼

「地球是宇宙的中心，太陽也繞着它旋轉。」當大家聽到這種看來荒誕無稽的說話時，會有何反應？嘲笑那傢伙是個傻瓜？還是認真地與對方辯論？

現在眾所周知，地球只是太陽系的其中一顆行星，不斷環繞太陽轉動。然而，古時西方人卻剛剛相反，普遍堅信地球位處**中心**，靜止不動，四周則有其他星體圍繞着地球旋轉，這是不容反駁的「真理」。

如果有人能**穿越時空**，回到中世紀的歐洲，對那裏的人們說：「在中心的才不是地球呢，而是太陽，地球則不斷繞着它轉的！」恐怕他會遭受眾人**非議**，甚至被抓起來**處決**啊。

因為對當時手握大權的**教會**而言，這是危險且**大逆不道**的思想。不過，那時卻有人鼓起勇氣，將這「有害」的真理公開，他就是著名的波蘭天文學家——**尼古拉·哥白尼** (Nicolaus Copernicus)。

1543年，70歲的哥白尼**垂垂老矣**。他得了中風，右半身已癱瘓，只能躺在床上，苦苦等候自己的著作《**天體運行論**》寄來。

「不知那本書能否順利出版呢？」他明白當中提出的「**地動說**」將引發風波，教廷也可能不會就此罷休而向自己問罪，但仍希望將之展示世人。不過，他未必預料到「地球會動」這觀點的影響力何等驚人，足以打破**根深柢固**的觀念，為後世帶來**翻天覆地**的改變。

懷疑的種子

哥白尼於1473年在波蘭的貿易都市**托倫**（Toruń）出生，父親是商人兼托倫市議會議員，母親則為一名富商的女兒，家境富裕。他自小就與父母、哥哥安德魯以及兩個姊姊，一起過着**無憂無慮**的生活。

可惜好景不常，在他9歲時父親就染上瘟疫去世了，這件事一直令他無法釋懷。某夜，小小的哥白尼伏在窗口，凝望夜空中的繁星，想着天堂就在那些天體之上，不禁**喃喃自語**：

身邊的安德魯聽到後，不知該說甚麼去安慰弟弟，只好默默待在一旁陪伴。

禍不單行，不久連母親也病倒，最後撒手人寰。就這樣，家中只剩下四個**不知所措**的孩子，幸好這時姨母及時到來照顧，讓他們得以安然生活。

後來，哥白尼及安德魯被舅舅瓦茲洛德主

教*收養。他把兩人帶回利茲巴克*，並送至當時波蘭一流的中學，提供最好的學術教育，期望將來他們也能擔任神職工作。於是，二人就在校內學習拉丁文、數學及天文學，打下基礎。

1491年，18歲的哥白尼中學畢業後，就到克拉科夫大學*攻讀教會法和醫學。另外，他拜著名數學與天文學教授布魯楚斯基*為師，學習各種天文知識及如何使用儀器觀測星體，逐漸對天文學產生濃厚的興趣。

其間，他對行之已久的托密勒地心説 (或稱「天動説」) 產生懷疑。那麼，托密勒的宇

*路卡斯．瓦茲洛德 (Lucas Watzenrode the Younger) (1447-1512)，波蘭瓦爾米亞教區的主教。
*利茲巴克 (Lidzbark Warmiński)，位於波蘭北部。
*即現今的雅蓋隆大學 (The Jagiellonian University)，為波蘭第一所大學，創建於1364年。
*艾伯特．布魯楚斯基 (Albert Brudzewski) (1445-1497)，波蘭數學家、天文學家與哲學家。

宙觀究竟是怎樣的呢？現在先來解釋一下吧！

自古以來，人類從地面看向天空時，便會見到日月星辰沿着特定的軌跡移動。古人憑着主觀感覺，認定地球就是宇宙的中心，其他天體則以不同速度繞着地球旋轉，這就是天動說的雛形。不過，有時他們觀測夜空，卻發現一些行星的移動方向很古怪，甚至出現大改變，運行速度也時快時慢。

為了解釋這種古怪現象，許多學者認為每顆行星是沿着多種複雜的軌道運行，這種結構稱為**「本輪」系統**。

後來，古羅馬學者**托勒密***繼承其概念，加以改進並**發揚光大**。他建立一個宇宙模型，地球位於中心，靜止不動，外面則有一圈圈圍繞地球的圓形軌道，稱為「**均輪**」。每個均輪

*克勞狄烏斯．托勒密 (Claudius Ptolemy) (約公元100-170年)，古羅馬的數學家、天文學家及地理學家，寫下《天文學大成》等多部著作，對後來中世紀西方天文學影響深遠。

上都有行星繞着地球旋轉，而那些星球 (包括太陽) 都繞着地球旋轉，同時它們也會依照各自的本輪 (小圈) 做圓周運動。

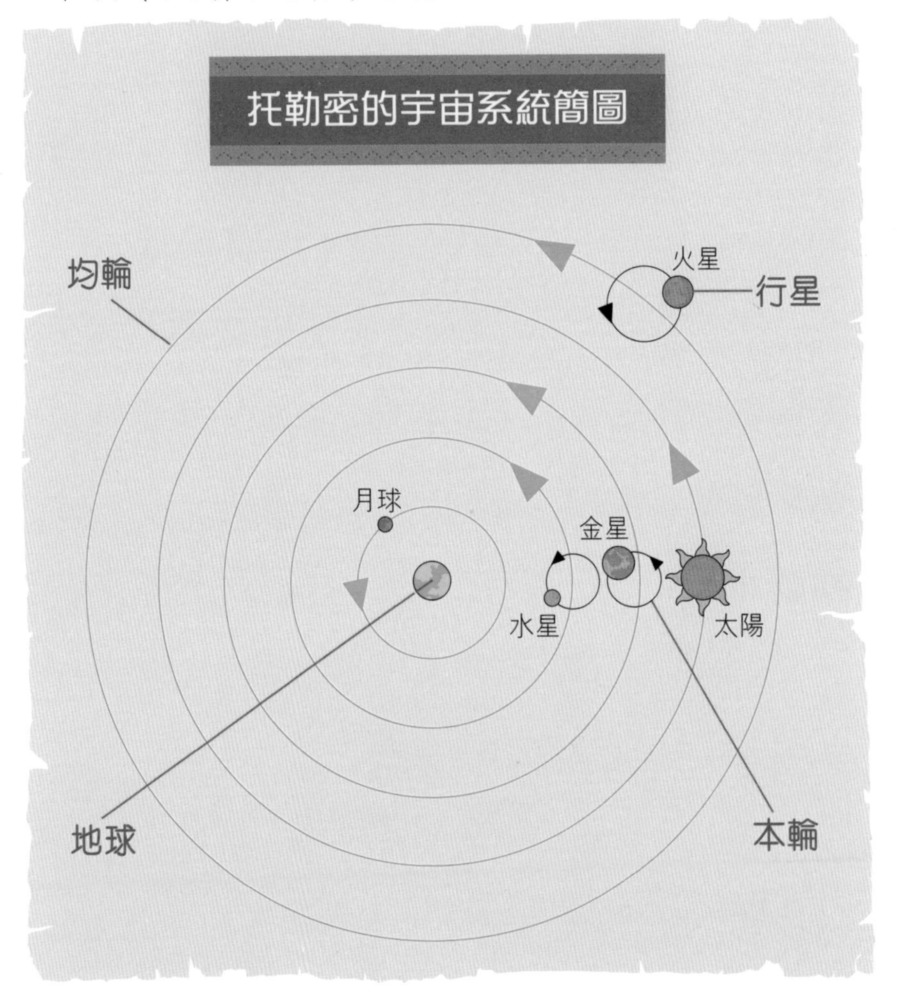

後來，其他學者為方便預測天體運動，在托勒密的模型加上更多本輪，令系統變得愈來愈**複雜**。

另一方面，教會認為人類乃**萬物之靈**，所居住的地球位處中心符合教義，遂接受托勒密的天動說，成為解釋宇宙運作的**正統權威**。

不過，哥白尼察覺當中的**不妥之處**，例如托勒密認定地球應靜止不動，否則一旦運轉就會令東西如山石、海水等拋到一邊去，甚至**分崩離析**。

可是哥白尼卻不這樣想，他認為地球上所有東西也會跟着一起轉動。只是他始終未能解釋箇中原因，直到後來牛頓提出著名的**慣性定律**才證明那是正確的。

←古人不明白地球上的東西都隨地球以大約每秒30公里運動，包括空氣。正如我們乘搭火車時，把一枚硬幣往上拋，硬幣也不會往後飛走，而是垂直掉下來。只是古人沒有高速而較平穩的運輸工具，難以想像這種情況。

就這樣，哥白尼努力研究天動說以外的可能性。1495年，舅舅瓦茲洛德將他召回**瓦爾米亞**，希望外甥能接替一位已去世的神父職位。

趁着教廷審核其申請時，哥白尼就到意大利留學深造。

他先去意大利北部的博洛尼亞大學攻讀法律、天文學、數學與希臘語，並得到著名天文與占星學教授諾瓦拉*指導。諾瓦拉對托勒密的學説同樣抱持懷疑態度，與哥白尼可謂志同道合。兩人時常一起觀星，記錄數據。

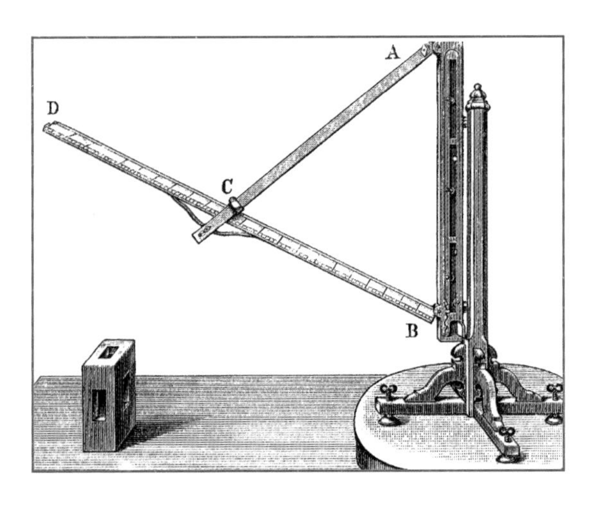

←這是哥白尼使用過的三角儀，由三把尺子組成，其中一把裝有目鏡。在望遠鏡未發明前，人們就是依靠肉眼和這些儀器去觀測星體。

*多明尼哥·諾瓦拉 (Domenico Maria Novara) (1454-1504)，意大利數學家與天文學家。

後來，哥白尼又到羅馬和帕多瓦的大學，從一些典籍發現阿里斯塔克斯*已率先提出太陽才是中心點，而地球則會移動。他受諾瓦拉的影響與古人的啟發，對太陽中心論更趨堅定。

接着，他在意大利東北部的費拉拉大學繼續學業，並於30歲時獲取博士學位後才返回波蘭。

*阿里斯塔克斯 (Aristarchus of Samos) (公元前310年-前230年)，古希臘天文學家及數學家。

學術工作與世俗事務

自哥白尼學成歸來，就留在瓦爾米亞協助舅舅處理**教會事務**。另外，他也為附近地區的居民**診症**，不論貧富貴賤，都會盡力醫治。

與此同時，他一直試圖建構新的宇宙體系。1507年，哥白尼撰寫一篇簡稱**《短論》***的文章，作為地動說的**提綱**。不過他沒公開出版，只將手稿與熟悉的朋友、同學及一些天文學家私下傳閱和討論。

1510年，他遷居至北部小鎮**弗龍堡**

*全稱《關於天體運動假設的小論文》(De hypothesibus motuum coelestium a se constitutis commentariolus)。

(Frombork)，成為當地一名**神父**，此後數十年都在那裏生活。他將一座塔樓改建成**觀測台**，常在上面觀察星空及記錄資料。至1515年，42歲的哥白尼着手編撰**《天體運行論》**，將自己的見解盡數寫進書中。

同年，他當選弗龍堡神父會**行政主管**，及後成為該會的**財產管理人**。由於中世紀多數神職人員都擁有豐富學識，能協助治理地方，哥白尼也不例外。他須處理各種事務，其中一項就是替波蘭解決**貨幣問題**。

當時，歐洲主要使用以金銀等**貴金屬**混合銅鑄成的硬幣。一般來說，硬幣中的貴金屬含量應與其價值相等，若含量不足就稱為**劣幣**，相反的就是**良幣**了。

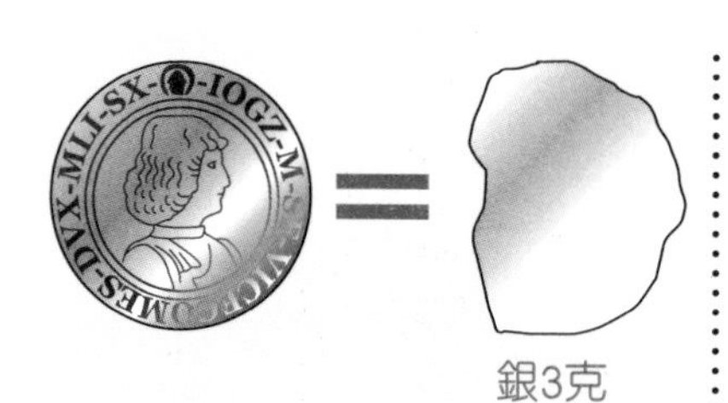

假設一枚銀幣應含3克銀，即具有3克銀的價值。

若銀幣只含1克銀，表面上卻仍有3克銀價值，那麼鑄造和使用這種劣幣就等於欺詐。

許多人為牟取暴利，都紛紛鑄造劣幣，將私吞的金銀藏起或用來鑄造更多劣幣。於是，貨幣的發行量很快就超過需求量，過多貨幣在市面流通，造成**通貨膨脹**，物價上升，令窮苦大眾生活得更**艱苦**。

另一方面，劣幣大量流通，也會令良幣退出流通領域，當中主要有兩個原因：

❶ 商人大量收購良幣

❷ 民眾為避風險而藏起良幣

這些銀幣內的銀足秤，還是藏起以備不時之需，先用掉那些不足料的再算吧！

哥白尼稱此為「劣幣驅逐良幣」*，國家和民眾終將蒙受損失。為解決危機，1517年他寫下《深思熟慮》一文，向波蘭國王闡述觀點。之後於1522年以論文《論貨幣的信譽》提出實施**貨幣改革**，建議實行統一王國貨幣制度、限制硬幣鑄造與發行來源、規定每種貨幣的金銀含量等，並回收及銷毀已發行的劣幣，減少損失。

除此之外，哥白尼也曾為保護國家而戰鬥，抵擋**條頓騎士團**侵擾。

*後世多以為首個提出這法則的人是16世紀英國經濟學家格雷欣 (Thomas Gresham)，但後來發現哥白尼比他早一步公開理論，所以有時它又稱為「哥白尼—格雷欣法則」。

事緣15世紀中期，波蘭與條頓騎士團*展開戰爭。結果騎士團戰敗，向波蘭俯首稱臣，部分地區也納入波蘭統治，哥白尼身處的瓦爾米亞教區及弗龍堡也是其中一部分。此後，騎士團一直企圖奪回故土，與波蘭數度引發紛爭。

1519年，戰爭再起，騎士團入侵波蘭，更攻至弗龍堡附近。起初哥白尼受命與對方談判，惜無功而還。

面臨大軍壓境，他毅然參戰，與城堡將士利用地形優勢及堅固的城牆，奮力抵禦。騎士團久攻不下，唯有暫時撤退。弗龍堡危機暫除，只是堡壘周邊的房屋已被燒盡，小鎮幾近全毀。

於是，哥白尼與其他教士趁機撤退至鄰近的奧爾什丁(Olsztyn)。他們調集糧草，加緊修築城牆，

*條頓騎士團，或稱「德意志騎士團」，早於12世紀因十字軍東征有功而獲教廷封賞土地和城堡，之後東征西討，勢力達至現今波蘭北部到愛沙尼亞一帶。

又請教區主教提供援助，準備抵擋下一輪攻勢。

1521年初，數千名騎士團士兵猛然進攻，哥白尼則率領軍民**奮力頑抗**。經過五日五夜的攻防戰，騎士團始終未能得逞，加上他們在其他地區遭受**挫敗**，漸漸無力支持下去，最終雙方於4月**停戰**。

哥白尼的英勇表現深得民心，被稱為「**戰鬥英雄**」。事後，他回到弗龍堡，展開戰後重建工作，和繼續一度擱下的研究工作。

《天體運行論》出版

雖然各項大小事務令哥白尼**分身不暇**，但他仍盡量抽時間寫書。經過斷斷續續近20年，終於在1533年完成**初稿**，當中主要提出數點：

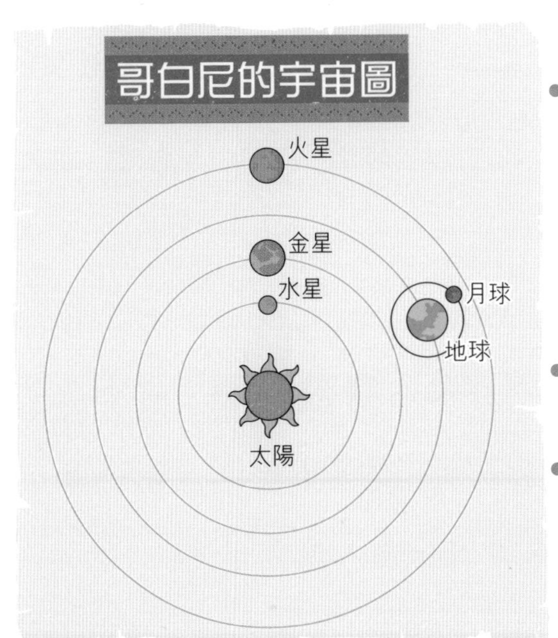

- 地球並非宇宙的中心。位處中心的是太陽，地球只是繞着它旋轉的其中一顆行星。
- 月球繞着地球旋轉。
- 地球自身也會自西向東轉動。

另外，他又解釋人們看見星星飄忽的移動軌跡，那是地球自身轉動與其他星體的**相對運動**而造成的。只是人們察覺不到自己跟着地球一起動罷了，他以**乘船**為例：

正如我們乘船時，看到景色往後退，其實是船在向前動而已。

然而，哥白尼並沒立即發表《天體運行論》。正如前文所述，多年來世人信奉教會提倡的天動說，若他貿然公開相反的觀點就等同**挑戰權威**，不但會大受抨擊而**身敗名裂**，還會被教廷當成異端而引來**殺身之禍**！所以，他一直小心翼翼，直到後來卻因一個人改變了。

1539年，年僅25歲的維滕貝格大學*年輕教授雷蒂庫斯*來到弗龍堡，拜哥白尼為師，希望得其親自指導。

就這樣，雷蒂庫斯在弗龍堡住了兩年多。其間，他閱讀《天體運行論》手稿，並協助哥白尼整理、修訂和補充資料。同時，他認為應向世人展示老師的成果，遂極力遊說。哥白尼

*維滕貝格大學 (The University of Wittenberg)，或稱「威登堡大學」，創立於1502年。後與其他大學合併，現時通稱「哈勒-維滕貝格馬丁路德大學」。
*雷蒂庫斯 (Georg Joachim Rheticus) (1514-1574)，奧地利數學家與天文學家。

禁不住對方多番鼓勵，終於決定出版《天體運行論》。

雷蒂庫斯於1540年寫了《初耕》(Narratio Prima) 一書，對《天體運行論》作出較清晰的概要，向大眾介紹當中觀點。只是，哥白尼當初憂慮的事情果真發生，一些教會保守人士批評地動說是胡說八道，甚至嘲諷他是可笑的小丑。

為免情勢惡化，哥白尼事先在《天體運行論》寫了一篇序言獻給教皇保祿三世，指出前人的計算可能有誤，而地動說更能準確地測量宇宙，並協助教會推行曆法改革。他希望以此討對方歡心來支持自己，可惜最後事與願違！

1542年，雷蒂庫斯帶着珍貴的手稿到紐倫堡*，交由牧師奧西安德*負責出版。然而，奧

*紐倫堡，德國拜仁州的一個城市。
*安德烈亞斯·奧西安德 (Andreas Osiander) (1498-1552)，基督教路德派的神學家。

西安德為免得罪教會的保守勢力，竟竄改書中數處內容，更擅自撤掉哥白尼的序，寫下另一篇文章代替，表示地動説只是一種為方便編算行星位置所作的**假想**，毋須全信。由於他沒署名，多年來令讀者誤以為那篇假序是哥白尼本人寫的。

1543年5月24日，《天體運行論》正式發行。當雷蒂庫斯看到書的內容被**篡改**後，**怒不可遏**。只是**為時已晚**，唯有沮喪地帶着原稿離開。

據説當書寄到弗龍堡時，病重的哥白尼已**氣若游絲**。他只勉力地摸了摸書的封面，不久便**與世長辭**。

《天體運行論》出版後，只獲極少數人支持，大部分人依然相信以地球為中心的天動說。後來，教會更對該書進行審查和批判，甚至將它列為禁書，直至19世紀初才取消禁令，同時原版亦重見天日。

事實上，哥白尼所說的並非全沒瑕疵。他的宇宙模型仍保留托勒密的本輪系統，行星軌道呈同心圓，但之後比他晚生數十年的科學家刻卜勒卻發現那應該呈橢圓形。不過，他的觀點啟發了後世許多科學家，包括前述的刻卜勒，還有著名的伽利略、牛頓等，經過他們引證，證明地動說更準確，推翻了沿用千年的天動說。

最初哥白尼為求自保，未有將地動說大聲疾呼，但他也沒隨波逐流，只默默堅守想法，最終在晚年公開自己的理論，結果改變世人對宇宙的看法。他在獻給教皇的序言中就提到：「對於自己的研究成果，我還沒偏愛到完全不顧別人的意見。只是我意識到一件事，學者應不受**世俗之見**的**制肘**，而是在上帝與理性的約束下盡力尋找萬物真理。當然，那些完全不正確的觀點也該避免。」

大家又有沒有足夠的**智慧**和**勇氣**，去將自己心中所想好好表達出來呢？

現代科學之父

伽利略

「地球會動」、「**太陽才是中心**」等觀點，於16世紀中期由哥白尼再度公開，只是那時人們大多嗤之以鼻，依舊相信地球靜靜處於中心的天動説，故此沒引發軒然大波。然而，數十年後卻有人因地動説觸怒了教會，隨之引來嚴厲的禁令。

1633年，在羅馬的一座修道院內，一名老人跪在多名主教面前，讀出懺悔宣言：「我，伽利略·伽利萊 (Galileo Galilei)……今年70

歲，現親身接受法庭審判……被懷疑曾宣揚以及相信太陽為宇宙中心，靜止不動，而地球並非靜止的中心……我在此**宣誓**，今後不再以任何言語或文字，提出上述足以引發疑慮的邪說……」

聽着老人的發言，四周的人們神情不一，或**憤怒**，或**冷笑**，或**幸災樂禍**，但他們都不約而同地想：「終於**扳倒**這個狂妄的老傢伙了！」然而，心中的狂喜卻令他們忽略了老人的嘴巴正

微微翕動，漏出那**細不可聞**的呢喃。

伽利略因宣揚地動説而得罪了教會的保守勢力。不過，其舉動也令他在後世獲得「**現代科學之父**」的美譽，究竟當中發生了甚麼事呢？

魚與熊掌——要興趣還是賺錢？

1564年2月15日，伽利略於意大利城鎮比薩出生，是家中的長子。母親來自意大利古老的望族，而父親溫琴佐．伽利萊則從事羊毛貿易生意，更是一位才華洋溢的魯特琴手。往昔伽利萊一族地位顯赫，先祖曾擔任佛羅倫斯的重要官員，或是名成利就的醫學教授。可惜到了温琴佐這一代家道中落，不得已從商維持生計，他便將希望寄託在長子上。

當然，小小的伽利略初時仍未知道父親對自己的**殷切期望**，只常常與弟妹和鄰居一起玩

耍，但在嬉戲的過程中，也表現出巧手的發明天賦。他曾造出一艘玩具小木船，把它放在水窪上徐徐飄盪。

到伽利略10歲時，全家就搬遷至佛羅倫斯，而他則被送往修道院，學習宗教經典與邏輯學。只是，可能受到修道院內淡泊的氣氛薰染，他竟立志以修士為業，這反而打亂父親的如意算盤了。

為顧及兒子前途與一家未來的收入，溫琴佐就在伽利略17歲時將他送上比薩大學習醫，以改變其念頭。學費無疑對溫琴佐造成沉重負擔，但想到兒子將來可成為醫生，出人頭地，就顧不上那麼多了。只是，世事未必往往盡如人意的。

伽利略在校內努力學習，並獲取優異的成績，直到某次聽過數學家里奇*有關幾何學的演講後，情況就有所轉變。他逐漸對數學產生濃厚的興趣，反而無暇顧及醫學本科了。後來，他懷着忐忑不安的心情，告訴父親希望轉讀數學。不過，熟知世事的溫琴佐知道單靠數學難以

*奧斯提里歐・里奇 (Ostilio Ricci da Fermo) (1540-1603)，意大利數學家，曾擔任托斯卡尼大公爵弗朗切斯科一世・德・麥地奇的御用數學家。

糊口，故當下一口**反對**，令伽利略大受打擊。

老師里奇獲悉此事後，就親自向温琴佐遊說。幾經周旋，温琴佐終於勉強放棄讓兒子成為醫師的夢想，但同時只允諾負擔一年學費。於是，伽利略擔任家庭教師賺取學費，**自力更生**。

此後，伽利略沉醉於數學研究中，並發揮其才華。某天，他在大學教堂看到職員整修頂部的

吊燈。當吊燈重新被放下來時，便來回擺盪。這時，他察覺吊燈擺盪的**幅度**不論大小，往返的**時間**都一樣，由此發現**單擺運動**的基本原理。

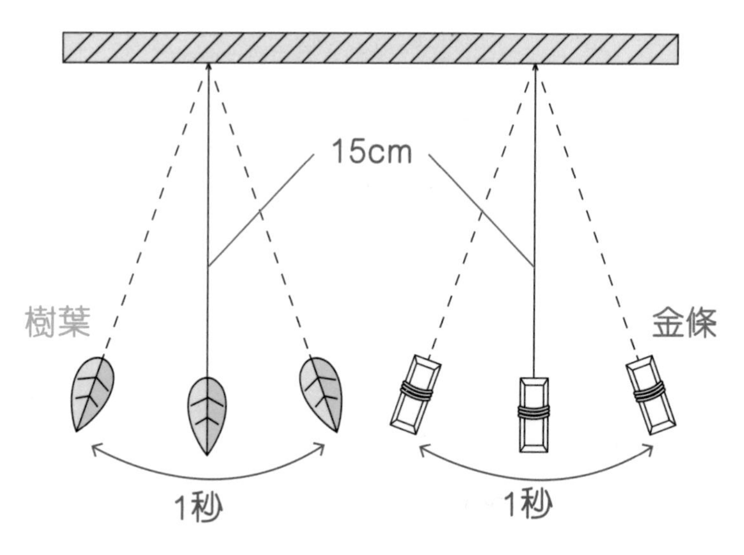

只要懸垂的繩長度一樣，不管擺幅多少、擺墜的重量多大，擺盪的時間都是一樣的。

由於當時尚未發明鐘錶，伽利略按着手腕，以**脈搏**的跳動次數計算擺盪時間。突然，他**靈機一觸**，想到可倒過來以擺盪測量脈搏，由此設計出一款脈搏計。就這樣，他常從生活中發掘研究素材。

然而好景不常，伽利略失去父親支援，單憑兼職根本不足以繳付學費。結果，他還沒正式畢業就離開大學。但他並未因此消沉放棄，依然努力自學研究。

1587年秋天，他前往羅馬，拜訪當時著名的數學家克拉維斯*和蒙特*。蒙特賞識其才幹，遂向當時擔任高級官員的兄長引薦。伽利略在眾人支持下，終於謀得一份大學工作，而剛巧就在當初他放棄學位的比薩大學。

*克里斯托佛．克拉維斯 (Christopher Clavius) (1538-1612)，意大利數學家及天文學家，也是耶穌會教士，曾協助修訂格里曆 (亦即現今所用的新曆)。
*吉多巴爾多．德．蒙特 (Guidobaldo del Monte) (1545-1607)，意大利數學家及天文學家。

速度的實驗

1589年，伽利略返回比薩大學擔任數學教授。只是，其薪水少得可憐，與一般教授相比竟差近10倍！惟一慶幸的是工作量不大，讓他可專心投入各類研究，其中一項就是計算物件自由落體的速度。

著名古希臘學者亞里士多德*認為物體往下掉的速度與其重量成正比，愈重的東西掉落得愈快。如果一個物體比另一物體重1倍，它便以快1倍的時間掉到地面，人們一直對此**深信不疑**。

然而，伽利略認為要試驗過才知真偽，遂進行多個實驗。當中傳說他曾登上**比薩斜塔**，同時扔下兩個重量不同的球體，結果兩者幾乎同時着地，這與亞里士多德所說的不符。

*亞里士多德 (Aristotle) (公元前384年-前322年)，古希臘哲學家，涉獵範圍非常廣泛，包括物理、生物、倫理、政治、文學、音樂等，對西方哲學和科學影響極為深遠。

不過，物體垂直下落的速度太快，難以測量時間。為弄清真相，伽利略遂使用較和緩的**斜坡**做實驗。

↓他在一個長長的斜坡上挖出一條光滑的凹坑，坑旁以等距裝設數個鈴鐺，再讓球滑落。當球沿坑滑落時就會碰觸鈴鐺，發出聲音。

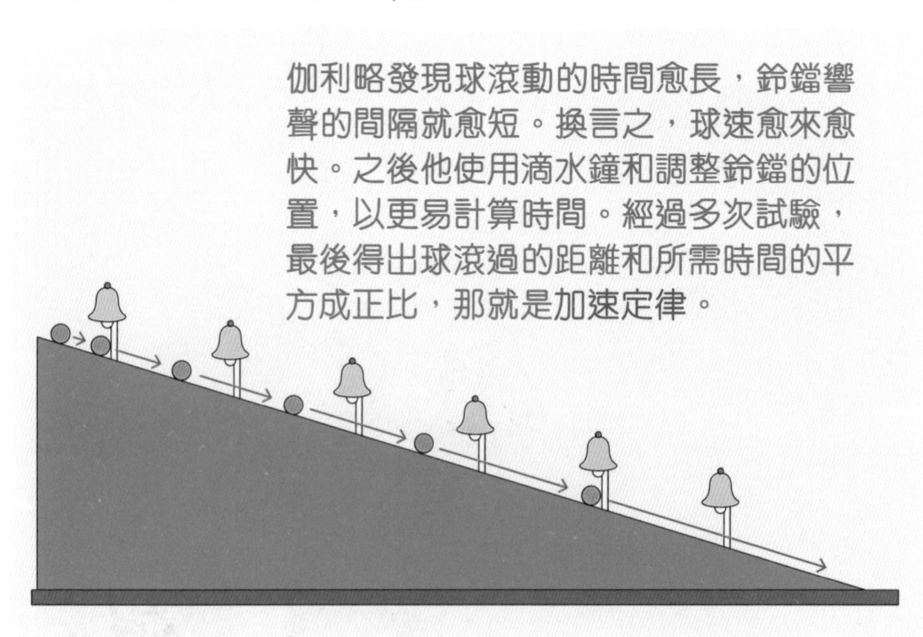

伽利略發現球滾動的時間愈長，鈴鐺響聲的間隔就愈短。換言之，球速愈來愈快。之後他使用滴水鐘和調整鈴鐺的位置，以更易計算時間。經過多次試驗，最後得出球滾過的距離和所需時間的平方成正比，那就是加速定律。

伽利略認為不同重量的物體掉至地面的時間有差異，是受到一股**阻力**影響，亦即空氣與物體間造成的**摩擦力**。例如一根羽毛與一個鉛球在相同高度一起落下，較輕的羽毛所受到的空氣阻力較多，故此較遲着地。他推斷若物體處於**真空狀態**，下落速度理應一樣。

←1971年，美國太陽神15號登月期間，太空人大衛・史考特 (David Scott) 在真空環境下進行一次實驗。他的雙手各拿着一根羽毛和一個槌子，再同時掉下，結果兩者同時着地，證明伽利略的推斷是正確的。若想看其過程，可瀏覽美國太空總署網址：https://nssdc.gsfc.nasa.gov/planetary/lunar/apollo_15_feather_drop.html

大開眼界——改良望遠鏡

1592年，父親溫琴佐去世，整個家的重擔就落到伽利略身上。同年，他轉到意大利首屈一指的帕多瓦大學任教。雖然年薪在所增加，但為了應付家中龐大的開支，包括兩個妹妹巨額的嫁妝，他仍要以各種方式努力賺錢。

其中伽利略曾發明多個東西，包括一種利用一匹馬提供動力的抽水機。另外，他又改良計算和測量工具，例如當時流行的比例規。他委託工匠製造了數以百個出售，並出版書本教導人們使用這些工具。

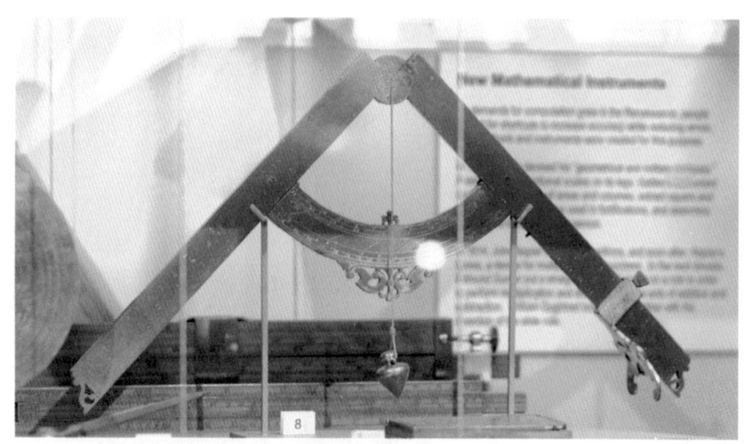

Photo credit: Galileo's geometrical and military compass in Putnam Gallery, 2009-11-24 by Sage Ross / CC BY-SA 3.0

↑比例規主要於16世紀至19世紀使用，由兩把有刻度的直尺組成，可以開合，能協助計算比例、三角函數等。

與此同時，他將自己的房子**分租**給貴族學生，並教導他們各種知識，這樣在收補習費之餘亦能建立關係。其中他就教過**科西莫二世***，並獲得意大利最富有且位高權重的**麥地奇家族**支持。

*科西莫二世・德・麥地奇 (Cosimo II de' Medici) (1590-1621)，1609年成為意大利的托斯卡納大公爵。

當然，伽利略在賺錢時也致力鑽研科學。1604年，一顆明亮新星的出現，令他轉投向天體研究。當時人們普遍相信星球運行的秩序完美，不會改變，但新星的出現卻令這種觀念產生破綻，亦使伽利略質疑傳統的亞里士多德和托勒密學說，轉而注意哥白尼的理論。

只是，人們都苦於沒有合適工具以看得更清楚。直到數年後，一件嶄新「利器」出現才改變情況。

1609年，伽利略聽聞荷蘭的一名眼鏡製造商在售賣一種能看清遠方事物的工具，對航海甚至軍事甚有作用。於是，他託人將一件成品買回來，查看當中構造並加以改良。結果，他只花了數天時間，就成功研發出更勝一籌的望遠鏡。

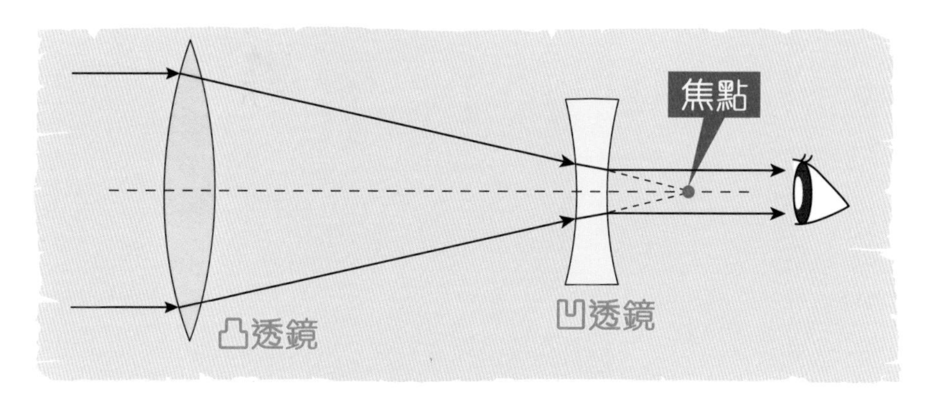

↑伽利略的望遠鏡包含一塊凸透鏡和一塊凹透鏡，以凸透鏡為物鏡，凹透鏡為目鏡。它將物體反射的光線折射，並聚焦到目鏡，直接構成一個上下方向一致的正像，不過其視野較小。

之後，他來到繁榮的城市威尼斯，向人們展示這新奇的儀器，令大家都嘖嘖稱奇。後來，他就將之賣給威尼斯政府，獲得可觀的收入。

最初望遠鏡並無特定名字，直到1611年伽利略前往羅馬參加貴族塞西*的宴會時，把這

*費德廉．塞西 (Federico Angelo Cesi) (1585-1630)，曾為意大利阿夸斯帕爾塔地區之主，亦是一名科學家，以及研究機構「猞猁之眼學院」(Lincean Academy) 的創辦人。

件儀器展示予其他賓客，他們就以拉丁文命名為「telescopium」。這個字取自希臘文「teleskopos」，「tele」即是「遠」，「skopos」有「看」之意。後來，此字演變成英文telescope了。

　　此後，伽利略就常用它觀察宇宙，並發現

許多有趣的景象。例如原來月球並非想像中光滑，表面凹凸不平，有山也有坑洞。木星附近有些小星球徘徊，他估計那些是其衛星。還有土星外圍有些模糊的環狀物，現在已知那是其巨大光環，只因當時的望遠鏡度數不足而未能清楚展示而已。

伽利略將之一一繪畫下來，收錄在1610年出版的《星際信使》*內，又將書本獻給那位權傾意大利的學生，並有意將木星的衛星命名為「麥地奇星」*。書中多處有力地反駁亞里士多德學派的學說，由此引發一場風波。

*《星際信使》，即Sidereus Nuncius，或稱Sidereal Messenger。

*木星的衛星後來分別命名為「埃歐」、「歐羅巴」、「蓋米尼德」和「卡利斯多」，這些都是希臘神話中的人名，並總稱為「伽利略衛星」。現在則稱之為「木衛一」、「木衛二」、「木衛三」及「木衛四」。

宗教審判

1610年，伽利略獲聘為比薩大學的首席數學教授，亦成為麥地奇家族托斯卡尼大公爵身邊的數學家，其名聲響遍歐洲。同時，他以望遠鏡窺視星體真貌，從中察覺人們一直信奉的地球中心說有誤，開始相信並宣揚地動說，認為地球只是一顆繞着太陽運轉的行星。

此舉卻令許多擁護亞里士多德的守舊學者極之不滿。一方面他們不願相信奉為圭臬的學說出錯，另一方面亦對伽利略獲得公爵寵信深感妒忌，遂群起駁斥對方，以多種似是而非的說法為「完美的天體系統」辯護。不過，伽利略亦非省油的燈，他提出種種理據**反駁**對手，嘲笑他們妄顧現實。此外，1613年他又出版**《關於太陽黑子的書信》**，詳細描述有關太陽黑子的觀察結果，完美天體說再受到質疑，地動說逐漸受人關注。

伽利略**意氣風發**的活躍表現啟發了新思想，但也引起教會保守派疑慮。1616年，教廷宣佈將哥白尼的《天體運行論》列為**禁書**，這間接警告伽利略，不准為哥白尼辯護，並禁止大學教授地動說。

對於教廷的舉措，伽利略十分**謹慎**，常與相交的主教來往，試探對方口風，觀察教廷反應。另一方面，他亦潛心著述，寫成**《關於托勒密與哥白尼兩大世界體系的對話》**一書

(簡稱《對話》)。

後來，教會對地動說的箝制稍為放鬆，他決定於1632年出版該書。由於書中內容明顯反駁天動說以及亞里士多德的力學理論，為保安全，他就先將稿件送至教會審查，經批准後才發行。

亞里士多德認為物體須依靠外力才能保持運動狀態，但伽利略卻提出若物體不受摩擦力拘束，一旦移動，就會一直移動下去。這就是後世所說的慣性定律。這亦間接證明地球毋須靠外力也能持續移動，反駁當時深信地球因沒有足夠外力而不會移動的說法。

另外，伽利略又指**潮汐**是受地球移動產生的巨大力量所致，藉此作為地球會動的一項根據。不過，現在已知那是**謬誤**，潮汐出現來自月球的引力。除此之外，基本上其他論點大都在後世獲得證明。

《對話》出版後即廣受關注，也引來教會保守派與守舊學者的**反撲**。他們紛紛指責伽利略**宣揚邪說**，要求教廷將他拘

捕。雖然伽利略事前已盡力做了「預防措施」，教皇本亦對之頗為讚賞，只是沒料到對方變臉得這麼快。

不久，教皇下令將伽利略帶到羅馬接受審訊。對於其態度丕變，有說是他後來察覺書中有涉嫌嘲笑他的語句而大發雷霆，也有說當時其他勢力人士施加極大壓力，令他不得不作處置。總之，這次伽利略在劫難逃。

話雖如此，教廷對伽利略仍禮遇有加，並沒把他扔進大牢，只是軟禁於一個豪華房間內。審判當天，伽利略就如前述般毫不猶豫地認罪，加上《對話》確實於教會審查後才出版，教廷不便施以太嚴苛的懲罰，遂判其終生監禁，之後改為家中閉門思過，不准他再四處「胡說八道」，而《對話》則被列為禁書。

順帶一提，後世大多歷史學家都認為他那句「它（地球）仍在運轉」，其實與著名的比薩斜塔實驗一樣都是**子虛烏有**，只為一種代表科

學家不畏強權、追求真理的美談。不過，從伽利略平素的言行觀之，恐怕認罪也只是**言不由衷**之舉。

1633年，伽利略返回佛羅倫斯，由女兒照料。雖然他沒遭受酷刑，但長時間審訊和等候判決也足以令這位年逾七十的老人**身心俱疲**了。

可是，他依舊努力工作，就算後來患上眼疾，仍然花兩年時間完成最後的著作——**《論兩種新科學及其數學演化》***，那是他對物理與力學研究的總大成。不過，由於教廷頒下禁令，該書無法在意大利出版，幾經波折，最後才由一位荷蘭出版商發行。

1638年新書問世，隨即**轉售一空**。只是，當新書送到伽利略手上時，他已雙目失明，無法

*英文稱為*Discourses and Mathematical Demonstrations Relating to Two New Sciences*，簡稱*Two New Sciences*。全書除了數學公式，其餘皆以通俗的意大利文寫成，令更多人都能看懂。

親眼看見自己的成果了。

1642年1月8日，伽利略因病去世。科學的巨星就此**殞落**，但不代表一切終結。他承接了哥白尼的地動說，加以研究闡釋，並由後起的**新星**繼承。其中一顆就在伽利略死後一年誕生，其名

字為牛頓。這位著名科學家提出的物理定律，其實有許多都源自伽利略的見解。

此外，伽利略的研究方式亦為後世帶來深遠影響。當時，許多科學理論皆由人們觀察自然現象，再靠演繹推理得出，大多沒經過實證。而他除了運用邏輯推論之餘，還會反復實驗，得到較明確的數據。之後運用數學算式闡釋其觀察所得，建立定律，奠定現代「實驗科學」的基礎。

他深信科學能令人更簡明地理解大自然，尤其是數學。正如他在《試金者》一書說：「真理就寫在『宇宙』這本一直令我們大開眼界的巨著中。不過，除非我們能掌握其語言，否則無法理解箇中含義。而數學就是這本書所用的語言，它由三角形、圓形，還有各種幾何圖案等字母構成。人若不運用數學，恐怕連一個字都看不懂，只能在**黑暗的迷宮**裏徘徊不止。」

不管前路如何，以科學方法與**實事求是**的態度探究事物，這種求真精神依然是不變的。

被世人遺忘的電學奇才

特斯拉

1943年1月7日，**尼古拉·特斯拉**（Nikola Tesla）在紐約客酒店的房間內逝世，享年86歲，結束他孤獨潦倒的後半生。這位昔日**聲名顯赫**的**塞爾維亞發明家**於晚年僅靠各方資助與賒借度日，**深居簡出**，其古怪模樣令人難以想像他是影響世界電力發展的重要人物。他一生經歷過**大起大落**，其發明與電學方面的成就甚至比愛迪生更高，但名聲在死後卻一度湮沒於歷史之中。究竟這位神秘的發明家是個甚麼樣的人呢？

展現天賦的少年時代

特斯拉於1856年7月10日出生，最初住在歐洲的**斯米連村***，8歲時搬到**戈斯皮奇***。他自小很喜歡看書，常常在圖書館逗留至深夜。父親怕他讀壞眼睛，遂禁止晚上閱讀，甚至把蠟燭藏起來。不過，特斯拉並未**屈服**，偷偷用油脂**自製蠟燭**，徹夜閱讀至黎明。

*兩地皆位於現時的克羅地亞。

除了看書，他也很喜歡「**多管閒事**」。某天，一支消防隊進行公開演練，消防器具中有個**消防泵**，泵的一邊連接喉管在河汲水，另一邊則安裝噴嘴。當消防員開始泵水時，卻一滴水都沒流出來。年幼的特斯拉察覺管道可能出了問題，於是跑到河邊看看，發現原來水管**扭住**了，無法汲水。於是他跳進河裏將之解開，噴嘴隨即噴出水來，事後一眾消防員將特斯拉舉到肩

上歡呼。那天，他因敏銳的觀察力而成了鎮上的小英雄。

特斯拉也對事物懷有強烈的好奇心和豐富的想像力。上小學時，他發現課室內有個水渦輪機模型，就嘗試模仿製作，同時聯想到自己在書中看過的尼加拉瓜大瀑布。藉着自身卓越的視

覺思維，特斯拉在腦海勾勒出一個畫面——借助瀑布的澎湃水力去運轉巨大渦輪，產生能量，他希望將來親自實現這計劃。當時，誰也想不到，數十年後他的夢想竟會成真！

1870年，15歲的特斯拉離開家鄉，到外地的技術學校就讀。數年後，他到布拉格的大學攻讀數學和實驗物理，期間對電動機產生興趣，並自行構思設計。不過，他在大學只待了一年，為維持生計，1881年搬到布達佩斯工作。

浮士德的啟發——
構思交流電動機

特斯拉每天都很賣力地工作，卻因此引發神經衰弱，幸得一位好友幫助，才逐漸康復。據說某天兩人到公園散步，特斯拉興之所至，背誦歌德的《浮士德》*：「夕陽西沉，白晝將盡，她匆匆離去，培育新的生命。噢，可惜我沒有翅膀令自己從地上飛起，去不斷追隨她的步伐……」

突然，靈感湧現，他就隨手拾起一根樹

*歌德是18至19世紀中期神聖羅馬帝國（現今德國）的著名作家，《浮士德》是其筆下的一部著名劇作。

枝，將腦中的構思在沙地畫出來。他終於想出如何改良電動機了！

究竟甚麼是**交流電**？先看看下圖。

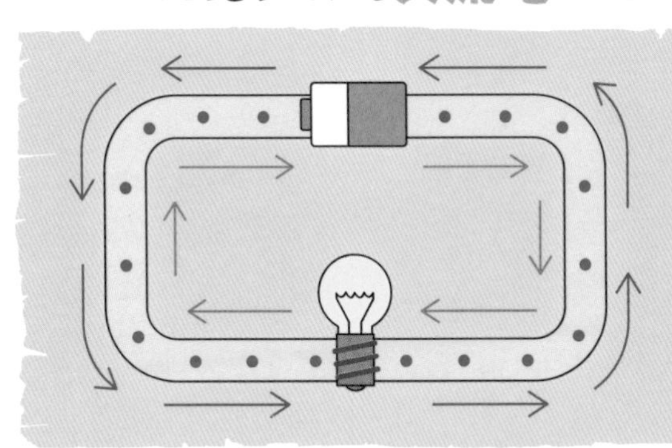

←電流就是電子的流動，交流電的電子會先朝一個方向流動，然後以相反的方向流動。

交流電動機基本構造

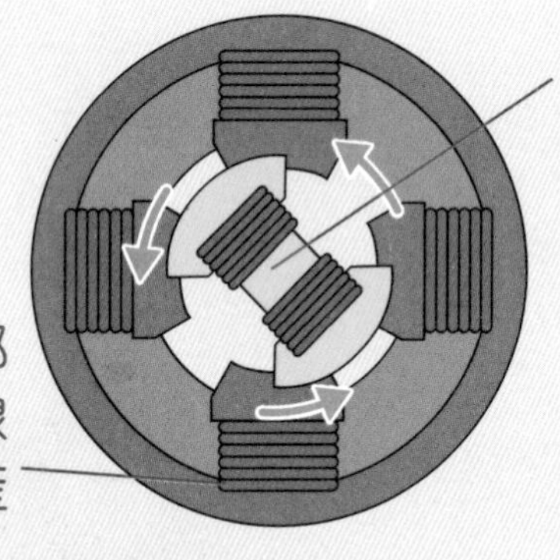

轉子
電動機的轉動部分，也有銅線圈。

定子
電動機的固定部分，當中有銅線圈，通電後會產生磁力。

藉交流電將定子和轉子通電後，定子產生磁場，並與轉子中的電流產生感應，製造動力，這樣轉子就會轉動了。

特斯拉十分興奮，他相信自己的發明品必能改善人們的生活。之後他離開布達佩斯，前往巴黎，於1882年進入愛迪生的歐洲分公司工作。

其間，他汲取大量應付電力的實際經驗。另外，他曾向上司與同事介紹自己的交流電動機，只是大部分人都沒興趣。他們只專注於公司開發的直流電系統上，令特斯拉大為失望。

在同事眼中，特斯拉既多才多藝、勤力

卻又古怪。他體格修長，儀表出眾，懂得多國語言，也會唸詩，並受過正式的大學教育。不過，其舉止有時卻怪異得令人不禁啞然，例如特斯拉走路時會數着自己的步數，還有每天到河中游泳的圈數，皆須被3整除。

後來，特斯拉出色的工作表現吸引負責人查爾斯・巴徹勒注意，他為特斯拉寫了一封信向愛迪生引薦，並提到：「我知道世上有兩個非凡偉大的人，一個是你，另一個就是這年輕人了。」

於是，特斯拉遠渡重洋到美國，在愛迪生手下做事。

挑戰哥倫布——
在美國嶄露頭角

1884年，特斯拉來到紐約，很快就獲得愛迪生賞識。有次，一艘客輪發生故障，無法起航，而原因出在愛迪生的照明系統失靈。特斯拉在傍晚帶着工具上船維修，至第二天清晨才回到公司，並遇見愛迪生和巴徹勒等人。當愛迪生看見對方時，隨口就說：「我們的巴黎小伙子在夜裏還滿街跑啊。」

特斯拉則回道：「我修理好船上的機器了，正從那裏回來的。」

愛迪生聽到後，只是一聲不響地走開了。

而特斯拉則在對方走了一段距離後，**隱約**聽到他說了一句話：

然而，兩人的友好關係並不長久。愛迪生曾向特斯拉**承諾**，只要他成功改進照明系統，就給予5萬美元報酬。這筆為數不小的獎金對特斯拉非常吸引，於是他**日以繼夜**地工作。然而，到他完成計劃後，愛迪生卻沒兌現承諾。

大為光火的特斯拉憤而辭職，之後他嘗試開公司，結果卻幾乎被騙走一切，一貧如洗的他被逼去做艱辛又骯髒的挖溝工作。直到1887年初，一名工頭發現其才華，將他介紹給工程師**艾佛瑞・布朗**和律師**查爾斯・佩克**。

特斯拉為吸引兩人幫忙，絞盡腦汁，終於想到一個辦法。

他向布朗和佩克說：「你們聽過**哥倫布豎**

↑據說哥倫布在西班牙女王的宴會上，為反駁那些挑戰自己的賓客，就以豎立雞蛋為約，看看誰能豎起蛋來。在場賓客皆無法完成，這時哥倫布在蛋的底部輕輕一敲，使之凹陷，便成功將蛋豎立起來。其機智令他獲得西班牙女王資助，組建船隊出海。

雞蛋的事跡吧？但我能不打破蛋殼就將蛋豎起來。」

接着，他找來一顆**銅蛋**、數顆**銅球**和一個裝了**樞軸**的鐵盤。當他放下銅蛋，再把裝置通電後，那顆蛋居然旋轉着豎起來了！

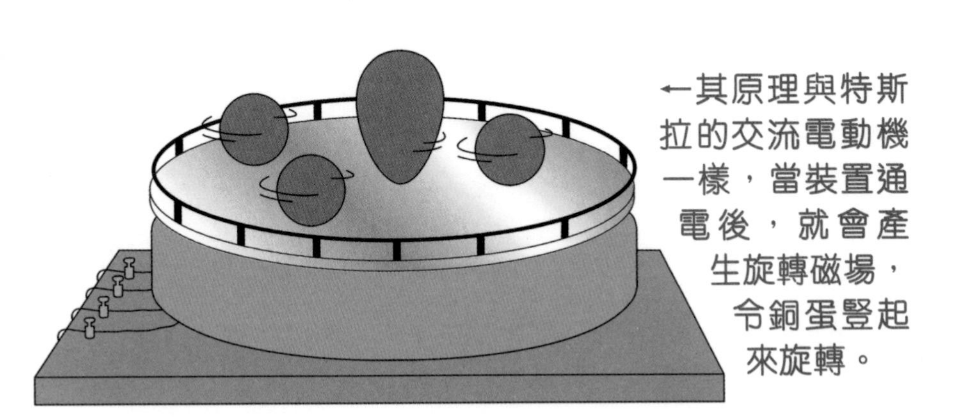

←其原理與特斯拉的交流電動機一樣，當裝置通電後，就會產生旋轉磁場，令銅蛋豎起來旋轉。

之後他又加上銅球，蛋和球不斷轉的情景令布朗和佩克看得**目瞪口呆**。至此他們對特斯拉的能力**刮目相看**，願意與他合夥，成立**特斯拉電力公司**，研發交流電力系統。

事實上，在19世紀80年代，美國大部分中央發電站都使用直流電。相對而言，歐洲科學家則努力研究交流電，希望能將交流電應用於實際工作。

此事引起美國企業家關注，他們視發展交流電系統為商機，其中較著名的是喬治・西屋（George Westinghouse）。特斯拉研發的交流電動機吸引其注意，經過一番討價還價，1887年7月，西屋買下特斯拉的專利，而特斯拉獲得近20萬美元，並搬到匹茲堡，加入西屋公司工作。

不過，西屋介入美國電力市場，則牽起一場影響世界的戰爭，世人稱為「電流大戰」，而特斯拉也間接捲入這場殘酷的戰爭中！

電流大戰

由於直流電無法**長距離傳輸**，發電站只能為市中心供電，其他地方需**額外**建立電站。相反，只要建造一座高壓交流電的發電站，就能為全區提供電力。這種**優勢**令西屋公司更能說服客户裝設交流電發電站，搶走了愛迪生公司不少生意。

愛迪生對此**大感惱怒**，除了因生意被搶，他更打從心底認定交流電非常**危險**。

1887年末，**紐約州死刑委員會**向愛迪生請教能否以電用作死刑。起初愛迪生拒絕回應，

後來改變初衷，竟說交流電是最有效率的方式，因為它殺人**快速**且**無痛苦**。交流電致命論悄悄地拉開了戰爭的序幕。

1888年，報章開始大肆報道有人**觸電死亡**的新聞。與此同時，一名工程師哈洛德·布朗在**《紐約晚報》**刊登文章，說要立法禁止使用電壓300伏特以上的交流電。為免陷於被動，西屋作出反擊，說直流電不比交流電安全，直流發電站更引發過不少火災，雙方展開激烈的論戰。

這時，直流電陣營中的布朗作出一個極恐怖殘忍的驚人之舉。為了證明交流電致命，他竟對動物施以電擊，看看用多少交流電才將牠們殺死！而愛迪生則借出實驗室供其做實驗。

1888年間，布朗向政府官員、電學家、醫生、記者等做過多次**公開展示**，以交流電殺害大量的狗、小牛、馬等動物。其殘忍的舉動引來人們**大肆抨擊**，但他們不得不承認交流電具有**致命**的危險性。

同年12月，紐約市政府通過利用交流電執行死刑。

1890年8月6日，美國執行史上第一宗**電刑**，受刑者是殺人犯威廉·凱勒姆，使用的是接通交流電的**電椅**。當日，受刑者反復接受三次通電，超過1000伏特的電流經身體。結果，花了比想像長得多的時間，受刑者才死亡。

雖然這件事令人們對交流電**深感恐懼**，但電力公司卻沒停下腳步，繼續研發交流電的各種可行性。

另一方面，正當各企業以兩種電流鬥得難分難解之際。1889年，特斯拉離開西屋公司，專心研發其他項目，例如高頻電流等。他曾到哥倫比亞大學演講，示範無線電燈的實驗，觀眾看到後都嘖嘖稱奇。之後他一度離開美國，到巴黎參加世界博覽會。1891年，又公開展示其新發明品——振盪變壓器（又稱「特斯拉線圈」）。

1893年，芝加哥即將舉辦世界博覽會，有兩間公司競投承包照明設備，分別是西屋公司，以及企業巨頭的通用電氣。

當時通用電氣已與愛迪生公司合併，愛迪生自此失去主導權，漸漸淡出電力市場，轉向其他研究去了。另一方面，西屋公司曾一度陷入財困，幸得特斯拉放棄自己交流電系統的專利和權利金，讓其渡過難關。

博覽會的投標以價低者得方式進行，結果，西屋公司以低於通用電氣的價錢，成功取得合約。

然而，事情還沒完結。由於通用電氣握有愛迪生的白熾燈專利，有權禁止其他公司製造白熾燈泡。為解決困境，西屋公司決定自行製造另一款燈泡，並申請專利。此時，通用電氣為阻撓對方，提出訴訟。只是事情峰迴路轉，法院竟判其敗訴，認為西屋的燈泡並

沒侵犯愛迪生燈泡的專利。

結果，西屋公司終於順利替博覽會安裝各種照明設備，並在會上向世界各地的參觀者展示特斯拉的**交流電系統**，還有交流電動機、哥倫布蛋裝置等。特斯拉也獲邀擔任西屋工程師的顧問，並**一躍成名**！

當時，在場參觀的電氣工程師都相信，運用交流電似乎是**大勢所趨**。晚上，接通了交流電

夜晚的博覽會燈光璀璨。

的電燈發出炫目的光芒，組成美麗的景象。交流電不再是恐怖的行刑工具，更是神奇方便的能源，它將大大影響今後的世界。

同時，最後的戰役也展開了。

早於1886年，工程師湯馬師．埃弗謝德(Thomas Evershed)提出於尼加拉瓜瀑布建造水力發電設施。後來這計劃由華爾街銀行家愛德華．迪安．亞當斯(Edward Dean Adams)主導，他向外界發出招標公告，希望得到技術優良的電氣公司建造設備。當時，競投者中包括了通用電氣與西屋公司，雙方再次狹路相逢。通用電氣以直流與交流電並用的系統參加競投，而西屋則以特斯拉的交流電系統迎戰。

亞當斯曾私下分別詢問愛迪生和特斯拉，設施該用直流電還是交流電？愛迪生毫不猶豫地說使用直流電，而特斯拉認為直流電太**落後**了。他與亞當斯多次通信，努力勸對方選擇交流電。

最終亞當斯於1893年10月決定採用西屋的方案。1895年，尼加拉瓜水力發電廠建成，開始投

入生產，多部渦輪機經由瀑布水力運轉，產生數以千計馬力的電流，為附近地方提供源源不絕的電力。往後10年，尼加拉瓜逐步將電輸送至整個紐約州，特斯拉的兒時夢想終於實現了。

尼加拉瓜的成功促使其他地區爭相仿傚，採用交流電系統，交流電逐漸成為世界多數地方的標準。這場由企業引起的商業戰爭，最終以特斯拉的交流電系統勝出而告終！

發明家的特質

早於電流大戰展開時，特斯拉就在構思一種**嶄新**的**電流無線傳輸**技術，即不用電纜，而是通過空氣或大地輸送電力和電報。

為了實現夢想，他做過許多實驗，並衍生多項重要發明和發現，如無線遙控船、無線電通訊等。1900年，特斯拉成功遊説金融界巨頭**J.P.摩根**投資其研究，翌年在紐約**長島**建造新實驗室，當中包括一座高達182米的巨塔，稱為「**沃登克里弗塔**」*。他計劃藉着巨塔，將電流和各

*沃登克里弗塔（Wardenclyffe）源自實驗室周圍土地的持有人詹姆士・S・沃登（James S. Warden）。

種訊息以無線方式發送至世界各地，並建立「**世界電報系統**」，想像出每人只要拿着一個小型接收器，就能聽到廣播、音樂等。

不過經過兩年，試驗仍未成功。這時摩根認為項目已花了太多錢，卻得不到任何**回報**，決定不再投資。只是特斯拉仍未肯放棄，四出尋找其他投資者，繼續實驗。

1905年，特斯拉最終對自己無法成功而一度陷入**精神崩潰**，全球無線電力傳輸的夢想也幻滅了。

此後，特斯拉**一蹶不振**，並陷入財困。1916年，他宣佈破產。

同年，**美國電氣工程師學會**向特斯拉頒發「**愛迪生獎章**」。特斯拉的心情複雜，愛迪生作為競爭對手，彼此在研究方式上南轅北轍。

他曾批評愛迪生的做事方法很沒效率：

不過，其實兩人的關係算不上惡劣。畢竟在1895年3月，當特斯拉的實驗室發生火災，所有

器材和數據付之一炬後，愛迪生借出了西奧維治實驗室，作為特斯拉的臨時實驗場所。

特斯拉變得窮困潦倒，可能歸因於兩點：第一是他沒保護自己的知識產權，放棄了自己的專利和權利金，結果失去財源；第二是他的許多發明在當時都無法成功轉變成可行的商業產品，難以獲取利潤。

然而，特斯拉在其自傳中說過，發明家應該拯救世人，讓人們活在安全的世界。另外，他亦曾提及：「我對金錢價值的看法與常人不同。我把所有錢財都投入到實驗上，從中得到新發現以令人類過上較舒適的生活。」他製作交流電動機，是想減輕人們體力勞動的負擔；開放交流電的專利，讓人們使用廉價的電力。這些都貫徹了其宗旨。

也許這位偉大發明家的**步伐**太快了，當時一般人只視特斯拉是個古怪的科學家。在他死後人們也將其**遺忘**，直至20世紀90年代，大眾才慢慢重新認識他。2003年，當一間**美國電動汽車生產商**的始創人為記念這位特別的發明家，將公司命名為**特斯拉汽車公司** (Tesla Motors Inc.)* 時，特斯拉終於以另一種方式再度引起世人注目。

*之後改稱特斯拉公司 (Tesla, Inc.)。

趣味小手工
自製亞基米德螺旋泵

取自《兒童的科學》第 171 期「科學實驗室」。

先準備材料及工具，包括粗飲管（直徑 1cm，長 15cm 以上）、畫紙、圓規、鉛筆、直尺、剪刀及膠紙。

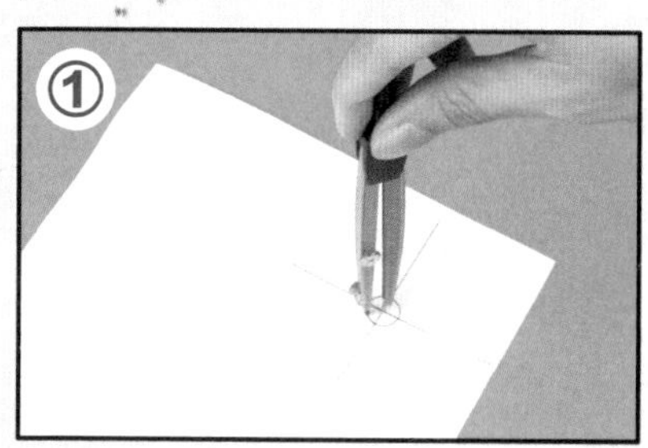

在畫紙上畫一個每邊長 6cm 以上的十字，再以十字中心為圓心，用圓規畫一個直徑 1.2cm 的小圓圈。

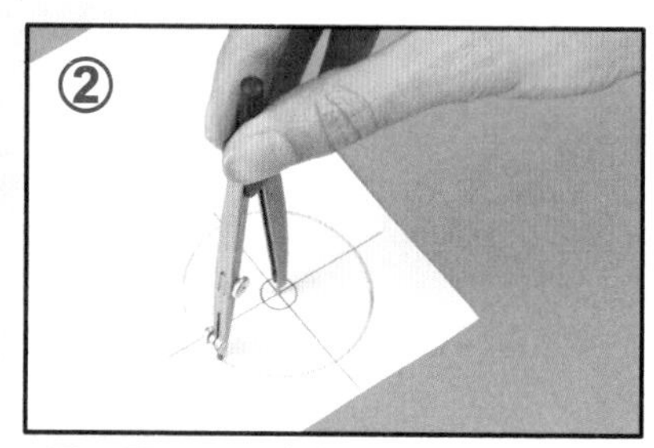

再以同一圓心畫出一個直徑 6cm 的大圓圈。

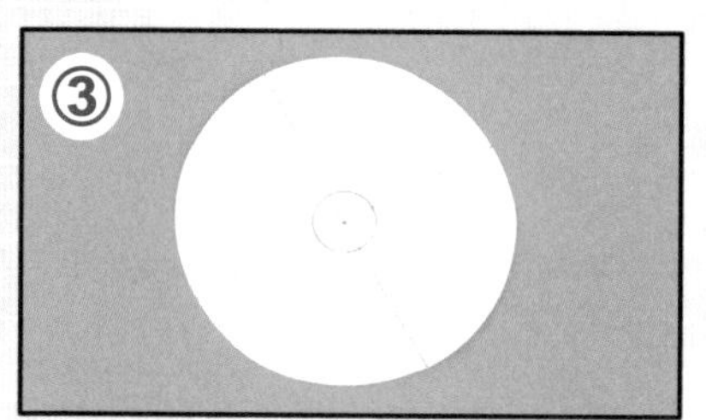

重複步驟 1 至 2，製造出 6 塊圓形紙片。

沿其中一條半徑，用剪刀剪至圓心，再把每張圓形紙片中間的小圓形剪去。

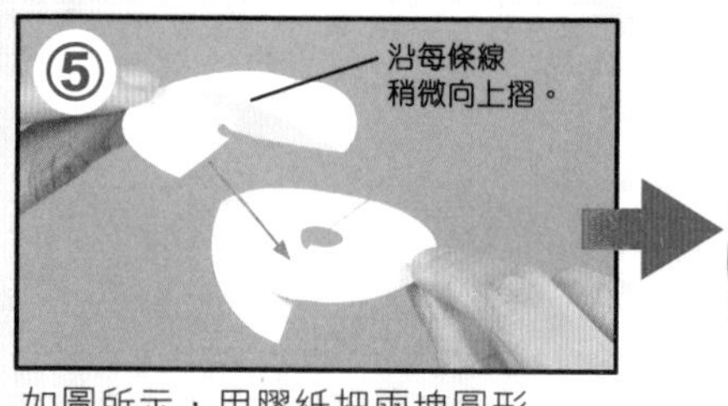

如圖所示，用膠紙把兩塊圓形紙片拼貼起來。

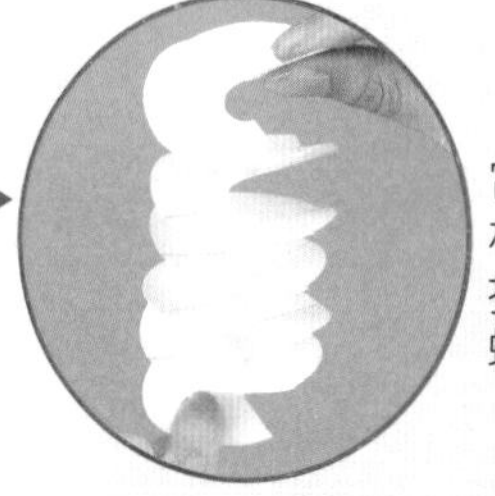

當每張紙片都相連後，輕輕拉開，就變成螺旋狀。

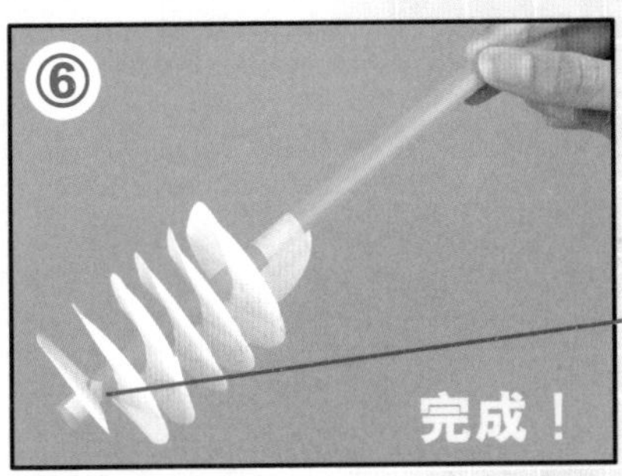

把飲管穿過螺旋的中心，如圖用膠紙
把螺旋頂端固定在飲管中段。

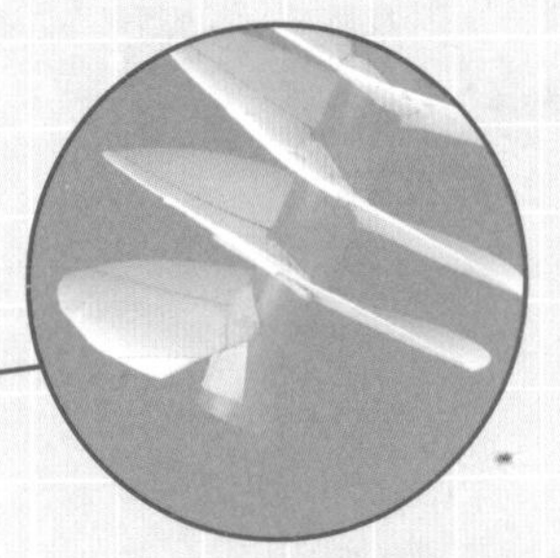

尾端如圖這樣貼穩。

玩法 這個簡單裝置可輸送各種細碎的物件呢。

在一個杯倒入約 2/3 滿的米。

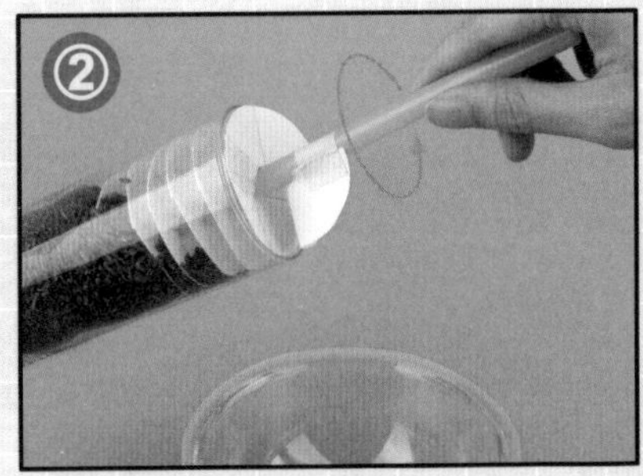

把杯放在碗上方，然後將螺旋放入
杯中，再逆時針轉動。

4個科學先驅的故事

編撰／盧冠麟　繪畫／Costo、阿鱿　科學插圖／葉承志
策劃／厲河
封面設計／葉承志
內文設計／黃卓榮　編輯／郭天寶

出版
匯識教育有限公司
香港柴灣祥利街9號祥利工業大廈2樓A室

承印
天虹印刷有限公司
香港九龍新蒲崗大有街26-28號3-4樓

發行
同德書報有限公司
九龍官塘大業街34號楊耀松（第五）工業大廈地下
電話：(852)3551 3388　傳真：(852)3551 3300

台灣地區經銷商
大風文創股份有限公司
電話：(886)2-2218-0701　傳真：(886)2-2218-0704
地址：新北市新店區中正路499號4樓

第一次印刷發行　2020年7月

Printed and Published in Hong Kong

N：978-988-79706-4-4
定價 HK$60　台幣定價 NT$270